KB058063

태어났어요!

이름(태명) _____

태어난 날 _____

태어난 시간 _____

태어난 장소 _____

몸무게 _____

키 _____

FIRSTS AND FAVORITES BABY JOURNAL by Kate Pocrass

아가야, 너의 첫 순간을 기억해

우리 아가 처음 일기

케이트 포크라스 지음

지식너머

아가야, 너를 처음 안았을 때

....

....

....

....

....

....

....

....

....

방문증

손을
꼭 씻어요

아가가
귀엽다고
말해요

부모들이
쉴 수 있게
아가와 놀아줘요

어른을 위한
간식 선물
환영합니다

너를 처음 방문한 사람

너의 첫 집

이웃은? . . . .

. . . .

. . . .

어떤 집? . . . .

. . . .

. . . .

어떤 방? . . . .

. . . .

. . . .

첫 목욕을 기억해

처음으로 근처에 외출한 날

- ☐ 유모차
- ☐ 아기띠
- ☐ 자동차
- ☐ 자전거
- ☐ 엄마 품
- ☐ _____

HELLO MY NAME IS	HELLO MY NAME IS
꼬물이	작은 인간

HELLO MY NAME IS	HELLO MY NAME IS
찡찡이	요정

HELLO MY NAME IS	HELLO MY NAME IS
귀염둥이	천사

너에게 처음 별명이 생겼지

처음으로 네가 나를 뚫어져라 쳐다본 날

너의 첫 애착 아이템

- ☐ 쪽쪽이
- ☐ 인형
- ☐ 담요
- ☐ _____

처음으로 네가 깨지 않고 잔 밤

아가야, 네가 처음 웃었을 때

너의 첫 키득거림

우리가 처음 까꿍 놀이를 한 날

처음 "안녕" 하고 손을 흔든 날

엄마 아빠 텔레파시 발동!

처음으로 네가 하고 싶은 말을 눈치챈 날

너의 첫 말

··
··
··
··

네가 처음 싫다고 말한 것

··
··
··
··

데! 더데!

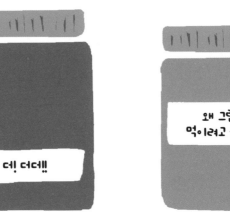
왜 그런 걸
먹이려고 하지요?

으아, 이런 건
처음 먹어봐!

음… 다시
먹진 않을 것
같아요

처음으로 네가 더 달라고 한 음식

처음으로 네가 뱉어버린 음식

처음으로 신 걸 먹은 날

입으로
들어가는지
코로
들어가는지

처음으로 네가 혼자 먹은 날

경고해주려고 했지만...

아이쿠야 사과라이

으악, 굴욕적이야

그러게 양치마라도 하지

하아하아, 빵 터졌어

처음 네가 다른 사람 품에서 게웠을 때

처음 기저귀가 넘친 날

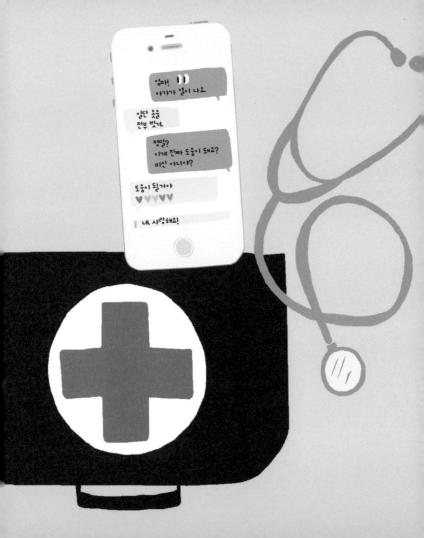

처음 열이 끓었을 때

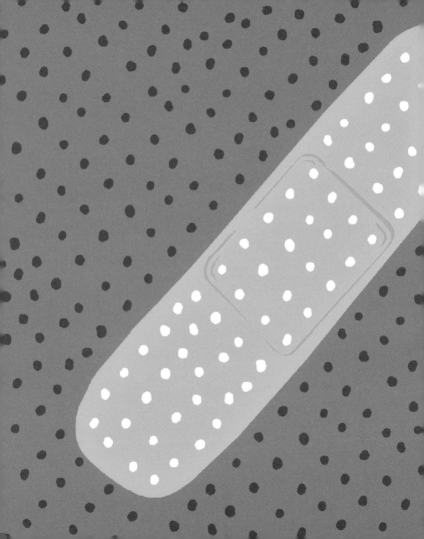

처음 다친 날

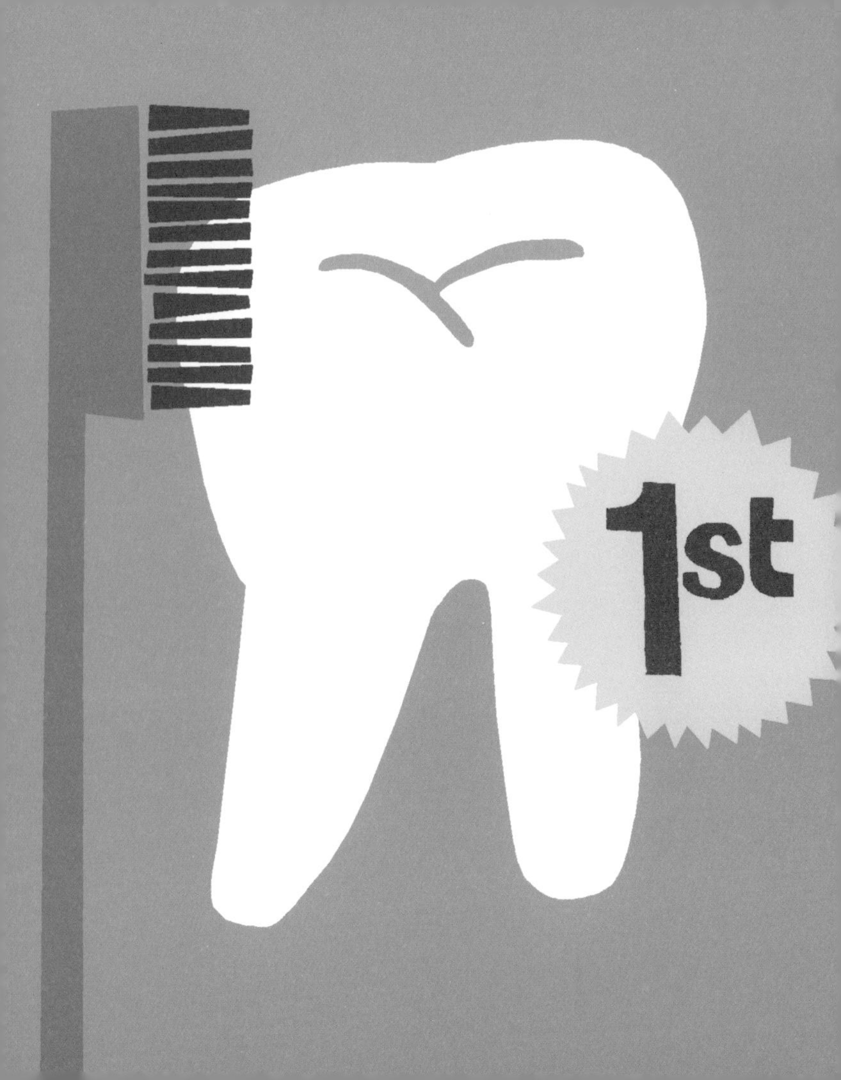
1st

너의 첫니

네가 처음으로 무서워한 것

처음으로 기다

!주의!

강하고 제멋대로인 아가가
여기저기 돌아다님

관계자 외 출입금지

처음 계단을 오른 날

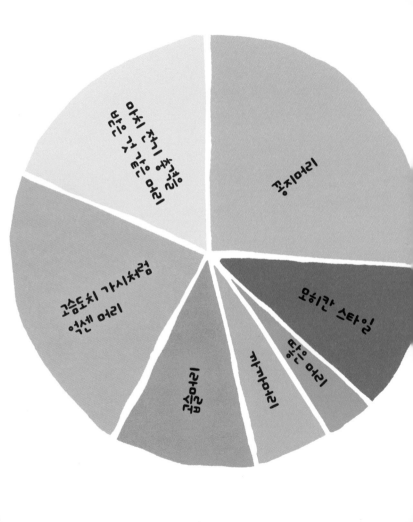

꽁지머리

모히칸 스타일

판승 머리

까까머리

곱슬머리

고슴도치 가시처럼
억센 머리

마치 전기 충격을
받은 것 같은 머리

처음으로 머리카락을 자르다

....

....

....

....

첫 헤어 스타일

....

....

....

....

처음으로 떼를 쓴 순간

아무도 눈치채지 못하고 있다.
엄청일고 있다

97%가
웃었다

100%.
절대 웃기지 않았다

모두가 쏘아보았다

그 카페에 다시
없던 것 산 자오

처음 공공장소에서 난리를 피운 날

처음 네가 그려선 안 되는 곳에
그림을 그렸던 것

처음 찬 바람을 얼굴에 맞고
네가 보인 반응

처음으로 손에 꽃을 쥐었을 때

처음으로 밖에서 낮잠을 잔 날

네가 처음으로 교감했던 동물

네가 새를 처음 본 순간

· ·

· ·

· ·

· ·

· ·

· ·

· ·

· ·

· ·

처음으로 네가 무지개를 본 날

처음 네가 달을 의식한 순간

우리가 처음으로
바다, 강, 호수에 들어간 날

네가 세상에 "와우" 감탄하는 걸
엄마아빠가 처음으로 목격한 때

우리의 첫 휴가

처음으로 큰 도시에 방문한 날

☐ 긴장을 풀어줄 방법

☐ 쪽쪽이

☐ 소리칠 때 달랠 방법

☐ 함께 탄 승객들을 위한 귀마개

IF FOUND
PLEASE
RETURN
TO

GRAN

너의 첫 비행

처음으로 탈것을 탔을 때

버스 ....

....

보트 ....

....

기차 ....

....

자전거 ....

....

너를 데리고 갔던 첫 파티

첫 명절

첫 분장

네가 처음 춤을 추었을 때

첫 생일을 우리가 기념한 방식

· ·

· ·

· ·

· ·

· ·

참석자 ·

· ·

· ·

우리가 절대 잊고 싶지 않은 처음

너의 첫 _____

너의 첫 ＿＿＿＿＿＿＿＿＿＿

너의 첫 _____

너의 첫 _____

너의 첫 _____

너의 첫 _____

너의 첫 _____

너의 첫 _____

너의 첫

□ 1AM 완전 깨어 있다

□ 6AM 제일 귀여운 시간

□ 6PM 멘붕

□ 9PM 평온하게 잠들었다

하루 중 가장 좋아하는 시간

....

....

....

....

한밤중에는

....

....

....

....

이렇게 안는 걸 좋아하지

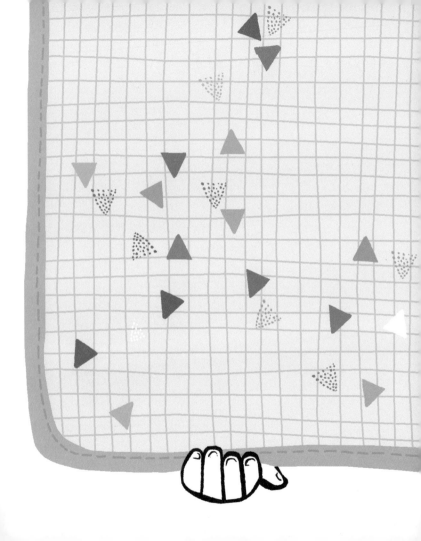

네가 계속 안고 있는 것

뮤직 박스에 맞춰서

조그만 상자에 넣고

차를 타면서

록키처럼 손을 머리 위로 쭉 펴고

아기띠에서

힘들게 서 있는 누군가의 팔 안에서

어떻게 잠드는 걸 좋아하지?

네가 좋아하는 낮잠 장소

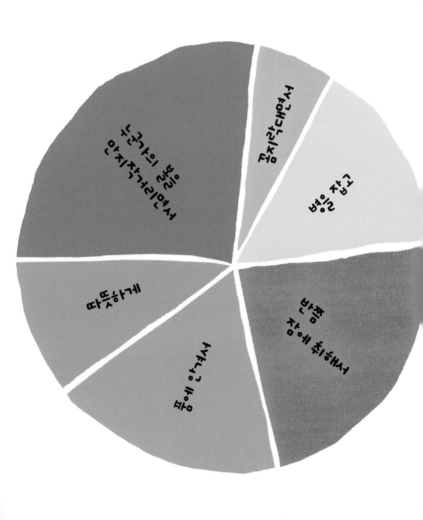

이렇게 우유 마시는 걸 좋아해

좋아하는 음식

먹기 ·

· ·

· ·

뱉기 ·

· ·

· ·

흘리기 ·

· ·

· ·

☐ 주물럭대기

☐ 씹기

☐ 떨어뜨리기

☐ 던지기

기저귀를 가는 동안 네가 주로 하는 행동

얼굴만 보면 '빵' 터지는 사람

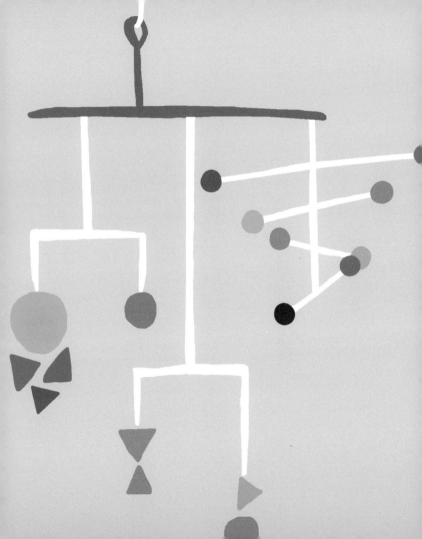

자주 응시하는 것

자꾸 입에 넣고 씹는 것

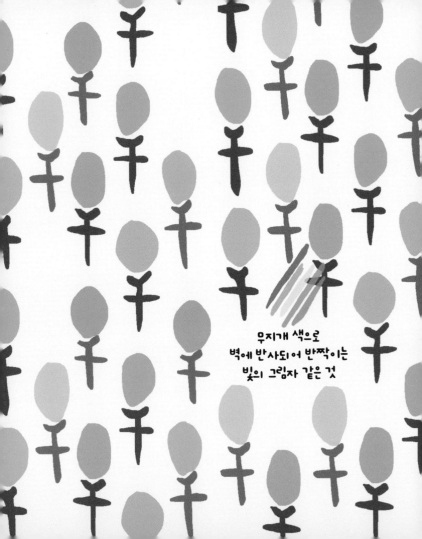

무지개 색으로
벽에 반사되어 반짝이는
빛의 그림자 같은 것

자주 "이것 좀 봐!" 하고 가리키는 것

자꾸 손에 쥐고 싶어 하는 것

Weeeoo
oooooo
Weeeoo
oooooo
Weeeoo
oooooo

옹알이를 할 때 잘 내는 소리

자주 짓는 표정

가장 좋아하는 노래

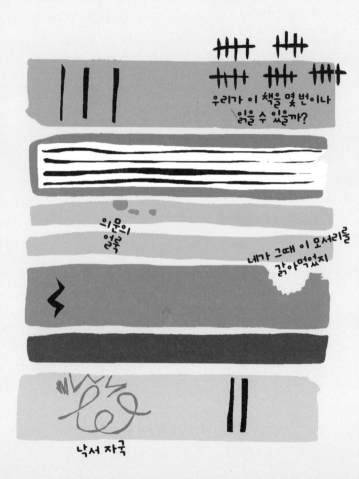

좋아하는 책

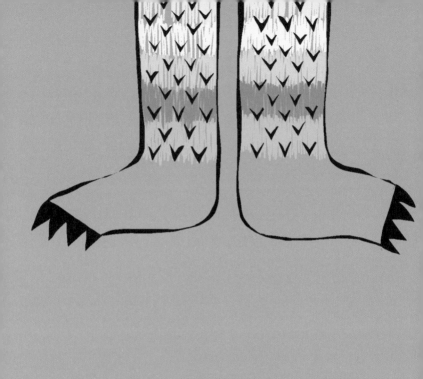

제일 좋아하는 캐릭터 친구

가장 좋아하는 동물 소리

어지를 때 자주 하는 짓

DOG

(아가는 먹지마시오)

하지 말라는데도
자꾸 시도하는 지저분한 장난

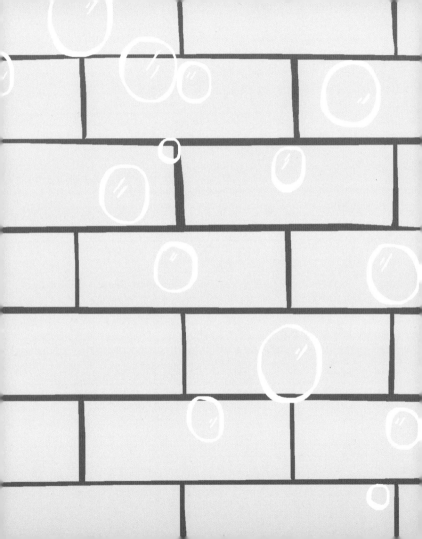

목욕할 때는 이런 걸 하자고 하지

눈썹을 위아래로 찡긋거리기

발가락을 입에 넣기

락 음악에 맞춰서 머리 흔들기

못생긴 척은 입을 멍멍이처럼 털기

오른발은 가고, 왼쪽 무릎은 드는 테크닉

자꾸 보여주는 잔기술

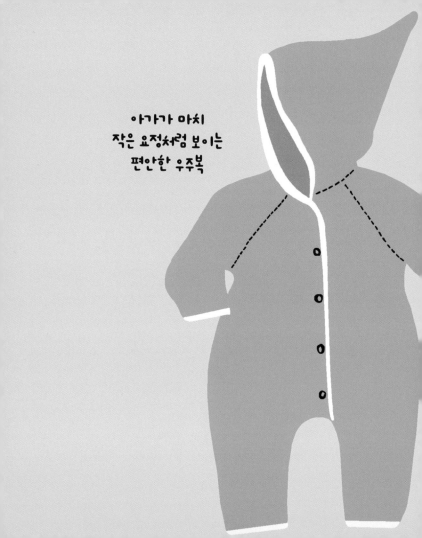

아가가 마치
작은 요정처럼 보이는
편안한 우주복

네가 가장 좋아하는 옷

네가 선호하는 산책 방식

꽃의 향기 맡기

자기

지나가는
모든 사람과 인사하기

멍멍이나
다람쥐를 가리키기

트럭이 지나갈 때마다
소리지르기

산책하면서 네가 꼭 하는 일

좋아해서 자주 앉는 곳

좋아하는 여행

1시간 하고도
10분을 계속해서···

놀이터에서 가장 좋아하는 것

좋아하는 활동

가장 좋아하는 게임

발의 움직임에 취하기

네가 잘하는 혼자 놀이

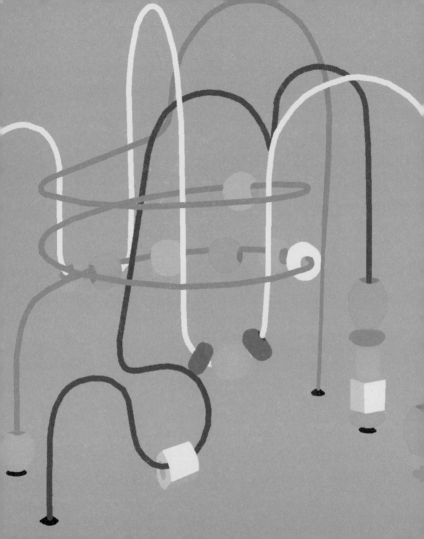

제일 좋아하는 장난감

가장 좋아하는 선물

짙은 호수	라일락 향이 나는 색	쨍한 빨강
가을 아침의 햇빛	흙길	아끼는 담요의 색
아가의 응가	매끈한 하늘의 색	우주 파랑

가장 좋아하는 색깔

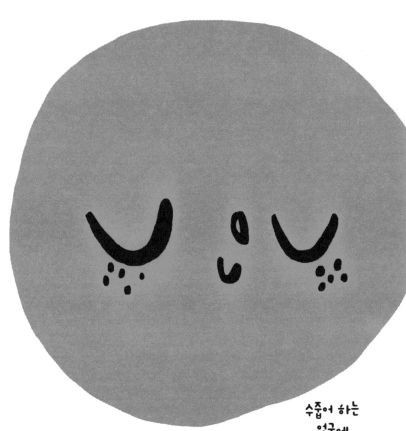

수줍어 하는
얼굴에
속지 마세요

네가 관심을 끌기 위해 하는 것

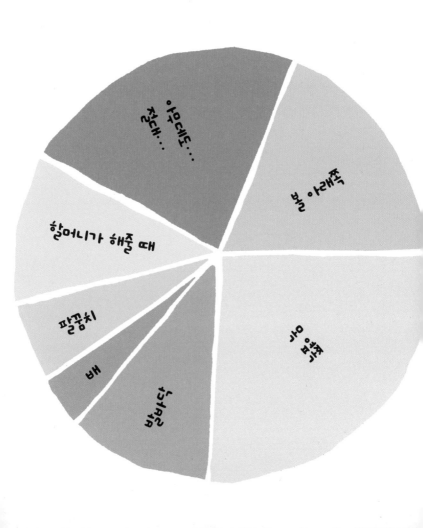

간질이면 좋아 죽는 부위

가장 자주 하는 말

우리가 절대 잊고 싶지 않은 좋아하는 것

네가 가장 좋아하는 _____

네가 가장 좋아하는 _____

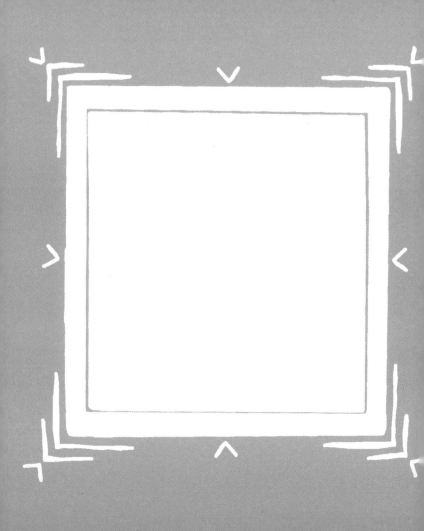

네가 가장 좋아하는 _____

네가 가장 좋아하는 _____

네가 가장 좋아하는 _____

네가 가장 좋아하는 _____

네가 가장 좋아하는 _____

네가 가장 좋아하는 _____

네가 가장 좋아하는 _____

아가야,
너의 첫 순간을
기억해

초판 1쇄 인쇄 | 2019년 1월 11일
초판 1쇄 발행 | 2019년 1월 25일

지은이 | 케이트 포크라스
발행인 | 이원주

임프린트 대표 | 김경섭
책임편집 | 정인경
기획편집 | 정은미 · 권지숙 · 정상미 · 송현경
디자인 | 정정은 · 김덕오
마케팅 | 윤주환 · 어윤지 · 이강희
제작 | 정웅래 · 김영훈

발행처 | 지식너머
출판등록 | 제2013-000128호

주소 | 서울특별시 서초구 사임당로 82
전화 | 편집 (02) 3487-2814 · 영업 (02) 3471-8043

ISBN 978-89-527-9548-9 (10590)